Nermine Ezz El-Dine

Genes relacionados com o metabolismo energético na obesidade

Nermine Ezz El-Dine

Genes relacionados com o metabolismo energético na obesidade

Compreender a base genética da obesidade

ScienciaScripts

Imprint

Any brand names and product names mentioned in this book are subject to trademark, brand or patent protection and are trademarks or registered trademarks of their respective holders. The use of brand names, product names, common names, trade names, product descriptions etc. even without a particular marking in this work is in no way to be construed to mean that such names may be regarded as unrestricted in respect of trademark and brand protection legislation and could thus be used by anyone.

Cover image: www.ingimage.com

This book is a translation from the original published under ISBN 978-620-8-06339-9.

Publisher:
Sciencia Scripts
is a trademark of
Dodo Books Indian Ocean Ltd. and OmniScriptum S.R.L publishing group

120 High Road, East Finchley, London, N2 9ED, United Kingdom
Str. Armeneasca 28/1, office 1, Chisinau MD-2012, Republic of Moldova, Europe
Printed at: see last page
ISBN: 978-620-8-11292-9

1. DEFINIÇÃO DE OBESIDADE

A Organização Mundial de Saúde (OMS) definiu a obesidade como uma acumulação anormal ou excessiva de gordura que tem um efeito adverso na saúde. Esta acumulação de gordura resulta de um desequilíbrio energético, uma vez que a ingestão de energia alimentar excede o gasto de energia. Quando a energia obtida a partir dos alimentos excede a energia gasta durante a atividade física, o excesso de energia é convertido em triglicéridos, que são armazenados no tecido adiposo que aumenta de tamanho, provocando um aumento de peso **(Mohajan & Mohajan, 2023).**

A obesidade afecta negativamente quase todas as funções fisiológicas do organismo. Está associada a múltiplas doenças incapacitantes, tais como doenças cardíacas, diabetes mellitus, hipertensão, acidente vascular cerebral, certos tipos de cancro, osteoartrite, doença hepática gorda não alcoólica e anomalias respiratórias. Todos estes factores têm efeitos adversos na qualidade de vida, na produtividade do trabalho e nos custos dos cuidados de saúde. Além disso, foi referido que a obesidade está associada a um risco acrescido de morte **(Wen et al., 2022).**

2. ETIOLOGIA DA OBESIDADE

O aumento de peso tem sido tradicionalmente considerado em termos de perturbações no equilíbrio energético. Quando a energia obtida a partir dos alimentos excede a energia necessária para o metabolismo e a atividade física, o excesso é armazenado no tecido adiposo, conduzindo à obesidade **(Park, 2019)**. Pensa-se agora que a obesidade é uma doença com uma etiologia complexa causada por interações entre factores genéticos, metabólicos, ambientais e comportamentais. Outros factores podem também contribuir, como a depressão, o estatuto socioeconómico, a poluição, as infecções microbianas e o sono insuficiente, que perturbam o equilíbrio das hormonas responsáveis pela fome **(Omer, 2020)**.

2.1. Factores ambientais

A atual epidemia mundial de obesidade é, em grande parte, uma consequência de mudanças dramáticas no estilo de vida e no ambiente que surgiram nos últimos 30-50 anos. Há uma série de factores ambientais que promovem o desenvolvimento da obesidade, como o consumo frequente de fast-food, uma dieta rica em gorduras, um elevado consumo de bebidas açucaradas e pouca atividade física **(Park et al., 2021)**. As crianças e os adolescentes também são mais propensos a ver televisão, a jogar jogos de vídeo e a fazer menos exercício, que são os principais factores da epidemia de obesidade. Como resultado, há uma necessidade crescente de novas políticas de saúde pública para limitar o consumo de fast-food e promover uma seleção de alimentos mais saudáveis **(Sheikh et al., 2017)**.

O estatuto socioeconómico é um forte determinante da obesidade. Na maioria dos países, há um gradiente entre a educação, a renda familiar e a prevalência da obesidade (**Saxena et al., 2021**). Embora os comportamentos aberrantes do estilo de vida constituam a maioria dos casos de obesidade em todo o mundo, os factores genéticos também podem contribuir para o excesso de gordura corporal em indivíduos saudáveis (**Yanovski & Yanovski, 2018**).

2.2. Factores genéticos

A obesidade não é apenas causada por factores ambientais; a predisposição genética pode também desempenhar um papel em alguns indivíduos. A hereditariedade dos genes relacionados com a obesidade e a sua interação com o ambiente promovem um balanço energético positivo responsável pelo aumento de peso (**Lustig et al., 2022**). Cerca de 40-60% da variabilidade do IMC dos indivíduos é atribuída a factores genéticos, com 65% da variação na obesidade associada a proteínas relacionadas com o metabolismo energético, como as proteínas desacopladoras (**Crovesy & Rosado, 2019**). A obesidade tem sido associada a vários genes relacionados com o metabolismo energético, que regulam o equilíbrio energético, o apetite e o armazenamento de gordura. A desregulação destes genes pode contribuir para o desenvolvimento da obesidade (**Archer et al., 2018**). O metabolismo energético é o processo pelo qual o corpo converte alimentos em energia para várias funções fisiológicas. Este processo envolve a decomposição de macronutrientes, como hidratos de carbono, gorduras e proteínas, e a produção de trifosfato de adenosina (ATP), a principal moeda energética do corpo (**Gao et al., 2021**).

As perturbações no metabolismo energético, como a resistência à insulina e a função mitocondrial prejudicada, têm sido associadas ao desenvolvimento da obesidade e de doenças metabólicas associadas, como a Diabetes tipo 2 (**Fatima et al., 2018**). Compreender esta relação é crucial para desenvolver estratégias eficazes de prevenção e gestão da obesidade (**Conn et al., 2013**).

2.2.1. Proteínas de desacoplamento

As proteínas desacopladoras (UCPs) são uma família de proteínas transportadoras de aniões mitocondriais localizadas na membrana mitocondrial interna. Estão implicadas no controlo da temperatura corporal e na regulação do equilíbrio energético e estão a ser alvo de uma terapia de perda de peso (**Hirschenson et al., 2022**).

O processo de fosforilação oxidativa mitocondrial não está perfeitamente acoplado à síntese de ATP. Há uma parte da energia libertada pela oxidação dos substratos alimentares que se perde sob a forma de calor. Uma parte da energia é perdida sob a forma de calor devido à reentrada de protões (H+) na matriz através de outros mecanismos que não a ATP sintase (fuga de protões) (**Margaryan et al., 2017**).

A fuga de protões é a soma de dois processos: fuga de protões basal e induzível. O primeiro não é regulado de forma aguda, mas depende da composição de ácidos gordos da membrana interna mitocondrial. Por outro lado, a fuga de protões induzida é controlada por proteínas desacopladoras (**Busiello et al., 2015**) (Figura 1).

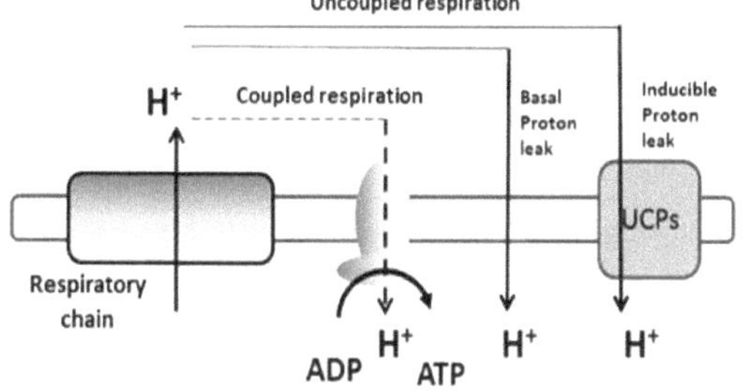

Figura (1): Representação esquemática das fugas de protões e do papel das UCPs (**Busiello et al., 2015**)

As UCP foram identificadas como proteínas-chave na síndrome metabólica devido à sua tendência para regular o gasto energético. Além disso, estas proteínas foram mapeadas no cromossoma 11 humano e no cromossoma 7 do rato, que são regiões ligadas à obesidade e à hiperinsulinemia. Assim, as UCP são atualmente propostas como alvos terapêuticos para o tratamento da obesidade e da síndrome metabólica (**Stanzione et al., 2022**).

Existem cinco proteínas desacopladoras nos mamíferos, com diferentes distribuições nos tecidos. A UCP-1, uma proteína encontrada principalmente no tecido adiposo castanho, converte o potencial da membrana mitocondrial em calor. Ao contrário da UCP-1, a UCP-2 é expressa em muitos órgãos e tecidos do corpo e é a forma mais prevalente no tecido adiposo branco. Suprime a produção de espécies reactivas de oxigénio nas mitocôndrias e controla o metabolismo da glicose e dos lípidos (**Hirschenson et al., 2022**).

A UCP-3 está distribuída no músculo esquelético e no coração, participando na regulação da respiração do músculo esquelético A UCP-4 e a UCP-5 estão principalmente localizadas no cérebro e desempenham papéis importantes na homeostase energética e na neuroprotecção **(Busiello et al., 2015)**.

A proteína desacopladora-2 é um transportador de membrana mitocondrial que regula o balanço energético, o metabolismo lipídico e a síntese de ATP. Regula não só a produção de ATP mitocondrial, mas também a geração de espécies reactivas de oxigénio **(Surniyantoro et al., 2018)**. Além disso, a UCP-2 tem um papel crucial na regulação do estresse oxidativo, metabolismo celular, proliferação celular e morte celular **(Giralt & Villarroya, 2017)**. A importância da UCP-2 foi relatada pela primeira vez em macrófagos e células beta pancreáticas. O gene para UCP-2 é amplamente expresso em todos os tecidos do corpo, incluindo o tecido adiposo branco, o baço, o rim, o sistema imunitário e as ilhotas pancreáticas. O gene UCP-2 do Homo sapiens está localizado no cromossoma 11q13, sendo constituído por 8 exões e 7 intrões com 8174 pares de bases e 309 aminoácidos **(Donadelli et al., 2014).**

A expressão do gene UCP-2 é regulada por vários factores e a vários níveis, incluindo a transcrição, a tradução, a atividade proteica e o turnover. Estas regulações ocorrem através dos efeitos de hormonas, citocinas e neurotransmissores. A transcrição da UCP-2 é regulada por factores como os ácidos gordos e os aminoácidos, a glicose e a glutamina, ao passo que a regulação positiva é desencadeada pela leptina, pela alimentação rica em gordura e pelo recetor-gama ativado por proliferadores de peroxissoma **(Alivand et al., 2021)**.

A proteína desacopladora-2 é considerada um gene candidato para a diabetes e a obesidade. Os mecanismos de regulação da obesidade mediados pela UCP-2 incluem, mas não se limitam a: (i) A UCP-2 inibe a ingestão de alimentos e aumenta o gasto energético ao ativar indiretamente o recetor da melanocortina-4; (ii) A UCP-2 regula negativamente a secreção de insulina dependente de glicose nas células beta pancreáticas e regula positivamente a secreção de glucagon das células alfa pancreáticas **(Li et al., 2019)**. Além disso, a UCP-2 atua como um modulador negativo da secreção de insulina e tem um papel importante na homeostase da insulina e da glicose, que possivelmente se correlaciona com a obesidade e o diabetes tipo 2 **(Giralt & Villarroya, 2017)**. Estudos anteriores relataram que a alteração na expressão de UCP-2 pode contribuir para a obesidade através de efeitos no metabolismo energético **(Sámano et al., 2018)**. Estudos em humanos confirmaram que os polimorfismos do gene UCP-2 estão ligados a um aumento do IMC em diferentes populações **(Din et al., 2023)**. Além disso, a expressão reduzida do gene UCP-2 foi observada no tecido adiposo de indivíduos obesos e nos parentes de primeiro grau de pacientes com DM2 **(Mahadik et al., 2012)**.

2.2.2. Proteínas de ligação a elementos reguladores de esteróis

As proteínas de ligação ao elemento regulador do esterol (SREBPs) são uma família de factores de transcrição que desempenham um papel na adipogénese, na sensibilidade à insulina e na homeostase lipídica, regulando a expressão genética de várias enzimas envolvidas no metabolismo do colesterol, dos lípidos e da glicose **(Shimano & Sato, 2017)**. Além disso, as SREBPs estão implicadas em vários processos patogénicos, como o stress do retículo endoplasmático, a inflamação, a autofagia e a apoptose, contribuindo assim para a obesidade, a dislipidemia, a diabetes mellitus, a doença hepática gorda não alcoólica, a doença renal crónica e o cancro (**Xiaoping & Fajun, 2012**).

Nos mamíferos, foram identificados três membros da família SREBP: SREBP-1(a, c), gerada por um único gene no cromossoma humano 17p11, e SREBP-2, produzida por um gene diferente no cromossoma humano 22q13. As proteínas SREBP-1 e SREBP-2 têm 47% de homologia. A SREBP-1 está envolvida no metabolismo dos ácidos gordos e da glicose, enquanto a SREBP-2 é específica da síntese do colesterol (**Ferré et al., 2021**). A SREBP-1c é predominante em ratos e humanos, particularmente no fígado, tecido adiposo branco, músculo esquelético, glândula adrenal e cérebro, enquanto a SREBP-1a é altamente expressa em tecidos com elevada capacidade de proliferação celular, como o baço e o intestino (**Nakakuki et al, 2014**).As SREBPs são factores de transcrição ligados à membrana da família da hélice-base-loop-hélice-leucina. São sintetizados como 1.150 precursores de aminoácidos inactivos ligados ao retículo endoplasmático e ao envelope nuclear. Cada precursor de SREBP é constituído por três domínios: (i) um domínio NH2-terminal de cerca de 480 aminoácidos que contém o domínio de transactivação e a região de hélice-hélice-hélice-leucina básica para ligação ao ADN e dimerização; (ii) dois segmentos hidrofóbicos transmembranares interrompidos por um curto laço de cerca de 30 aminoácidos que se projecta para o lúmen do retículo endoplasmático; e (iii) um domínio regulador COOH-terminal de cerca de 590 aminoácidos (**Madison, 2016**) (Figura 2).

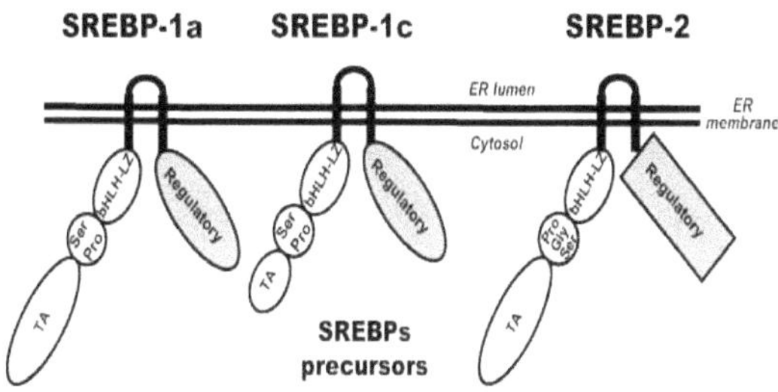

Figura (2): Estrutura de SREBP-1a,-1c, e -2 **(Madison, 2016)**

Num estado de depleção de esteróis, as SREBPs são libertadas de um precursor ligado à membrana. São submetidas a um processo de clivagem em duas etapas para libertar o seu domínio ativo, que pode ser translocado para o núcleo. A forma madura da SREBP liga-se a elementos reguladores do esterol na região promotora dos genes alvo para controlar a sua transcrição **(DeBose-Boyd & Ye, 2018).**

As proteínas de ligação aos elementos reguladores dos esteróis são reguladas a três níveis: transcrição, clivagem proteolítica dos precursores e modificação pós-traducional. A SREBP-1a e a SREBP-2 são reguladas na clivagem dos precursores, enquanto a SREBP-1c é regulada principalmente ao nível da transcrição. A expressão das isoformas SREBP-1a e SREBP-2 é regulada pelos níveis de esterol celular, enquanto a expressão de SREBP-1c é regulada pela insulina **(Bertolio et al., 2019)**.

A proteína-1c de ligação a elementos reguladores de esteróis desempenha um papel crucial na regulação do metabolismo lipídico. Regula a expressão de genes envolvidos na síntese de ácidos gordos e triglicéridos, que são essenciais para o armazenamento de energia e a estrutura das membranas **(Shimano & Sato, 2017)**. O SREBP-1c não regula apenas o metabolismo lipídico, mas também o metabolismo da glicose e a homeostase energética. A expressão de SREBP-1c é responsável pela glicólise, pela síntese de novo de ácidos gordos e pela produção de triacilglicerol no fígado e nos adipócitos **(Palou et al., 2010).**

O estado nutricional tem impacto na expressão de SREBP-1c, que diminui durante o jejum e aumenta com refeições ricas em hidratos de carbono. A ativação de SREBP-1c aumenta a adipogénese. No entanto, a deleção selectiva desta isoforma diminui a expressão do ARNm das enzimas de síntese de ácidos gordos e triglicéridos, indicando o seu papel na regulação dos genes lipogénicos. A desregulação do SREBP-1c pode levar à acumulação excessiva de lípidos e contribuir para distúrbios metabólicos como a obesidade, a doença do fígado gordo e a resistência à insulina **(DeBose-Boyd & Ye, 2018).**

O excesso de peso e a obesidade têm sido associados ao polimorfismo SREBP-1c. A obesidade humana e a diabetes tipo 2 têm sido associadas a polimorfismos de nucleótido único e a outras variações de sequência no gene SREBP-1c. A expressão de SREBP-1c também tem sido associada à resistência à insulina na obesidade mórbida. Além disso, os níveis de SREBP-1 são significativamente mais elevados em indivíduos obesos e em modelos animais de obesidade **(Xu et al., 2017).**

2.2.3. Enzima sintase de ácidos gordos

A sintase dos ácidos gordos (FASN) é uma enzima chave na lipogénese de novo que se encontra principalmente no fígado e no tecido adiposo. Converte hidratos de carbono em gorduras, que são componentes essenciais dos lípidos das membranas e substratos do metabolismo energético **(Abdel-Magid, 2015)**. A FASN catalisa a síntese de palmitato, a partir de acetil-CoA e malonil-CoA na presença de NADPH. As dietas ricas em hidratos de carbono promovem a produção endógena de ácidos gordos catalisada pela FASN, enquanto que esta é reduzida por uma dieta pobre em FA e pelo jejum **(Jones & Infante. 2015)**.

A FASN não é uma enzima única, mas sim um sistema enzimático completo. A FASN dos mamíferos é uma enzima multifuncional complexa constituída por dois monómeros idênticos. O monómero, com cerca de 270 kDa, contém sete actividades catalíticas, incluindo a cetoacil sintase (KS), a malonil acetil transacilase (MAT), a hidroxiacil desidratase (DH), a enoil redutase (ER), a cetoacil redutase (KR), a proteína transportadora de acilo (ACP) e a tioesterase (TE). Os monómeros estão ligados ao meio por uma dobradiça, gerando duas fendas que podem ser os dois centros activos da síntese de ácidos gordos (Figura 3). Embora o monómero de FASN contenha todas as enzimas necessárias para a síntese de palmitato, a formação do dímero é crucial para a sua função **(Fhu & Ali. 2020).**

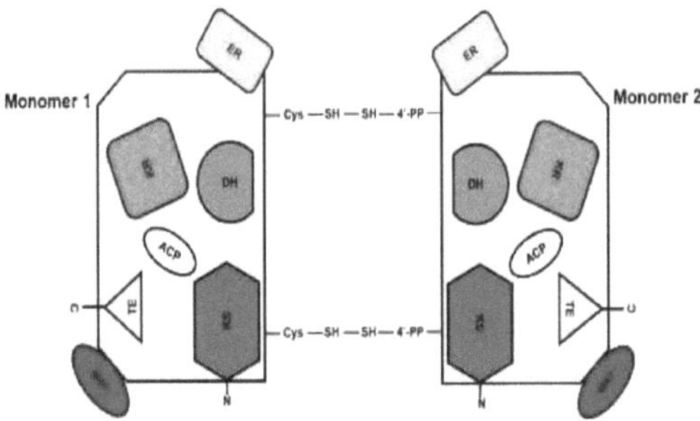

Figura (3): Estrutura da sintase dos ácidos gordos **(Fhu & Ali, 2020)**

A regulação do FASN nos seres humanos é um processo complexo que envolve vários níveis. A expressão do gene FASN é regulada por factores de transcrição como as SREBPs, a proteína de ligação ao elemento de resposta aos hidratos de carbono e o recetor gama do proliferador de peroxissoma **(Günenc et al., 2022).**

A regulação pós-traducional envolve a fosforilação, a acetilação e a ubiquitinação, que afectam a atividade e a estabilidade da enzima. Substratos e cofactores como acetil-CoA, NADPH e malonil-CoA também desempenham um papel na regulação da atividade da FASN. A desregulação da FAS tem sido associada a doenças como a obesidade, a diabetes e o cancro, o que a torna um alvo crucial para a intervenção terapêutica **(Günenc et al., 2022).**

A obesidade é uma condição caracterizada pela acumulação excessiva de gordura corporal, e a FASN desempenha um papel na síntese de ácidos gordos, que são armazenados como triglicéridos no tecido adiposo. Estudos demonstraram que a inibição da FASN provoca uma perda de peso significativa e uma diminuição da ingestão de alimentos em roedores, indicando que a FASN pode contribuir para a obesidade através da regulação do comportamento alimentar e da homeostase energética **(Ameer et al., 2014).**

As variações genéticas no gene FASN têm sido associadas ao aumento do índice de massa corporal e ao risco de obesidade **(Jones & Infante. 2015)**. Além disso, a desregulação do FASN pode levar a um desequilíbrio no metabolismo lipídico, contribuindo para o desenvolvimento da obesidade. Esta desregulação pode ser influenciada por vários factores, tais como a ingestão alimentar, desequilíbrios hormonais e predisposição genética. O objetivo da FASN como intervenção terapêutica é crucial para o desenvolvimento de estratégias eficazes para a obesidade e doenças metabólicas relacionadas **(Abdel-Magid, 2015)**.

2.2.4. Proteína quinase enzimática activada por adenosinemonofosfato

A proteína quinase activada por monofosfato de adenosina (AMPK) é uma enzima que desempenha um papel crucial na regulação da homeostase energética celular. É activada em resposta a baixos níveis de energia dentro da célula e trabalha para restaurar o equilíbrio energético, promovendo processos de produção de energia e inibindo proccssos dc consumo de energia **(Wu et al., 2018)**. A AMPK também está envolvida noutros processos celulares, incluindo o crescimento celular, a autofagia e o metabolismo (Figura 4). A desregulação da atividade da AMPK tem sido associada a várias doenças, incluindo diabetes, cancro e doenças neurodegenerativas **(Day et al., 2017)**.

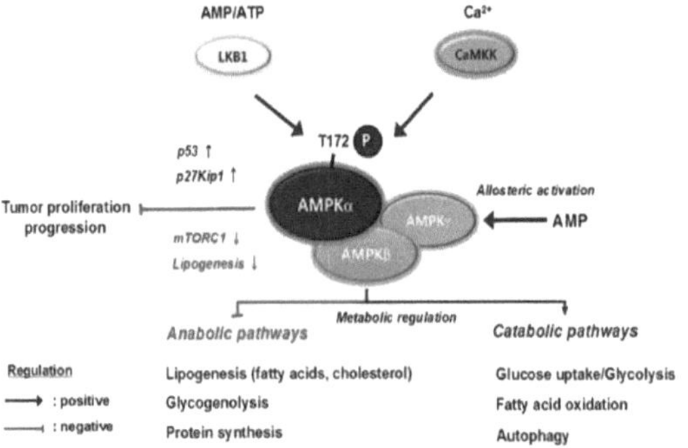

Figura (4): Papéis fisiológicos da AMPK **(Kim et al., 2016)**

A proteína quinase activada por AMP é uma enzima complexa composta por três subunidades, incluindo uma subunidade catalítica a e duas subunidades reguladoras (☐ e y). Cada subunidade tem numerosas isoformas, as subunidades a e ☐ têm duas isoformas, enquanto a subunidade y tem três isoformas que diferem umas das outras nos seus comprimentos (**Novikova et al., 2015**). A combinação destas isoformas confere aos complexos AMPK caraterísticas diferentes e especificidade tecidular. As células musculares expressam principalmente complexos AMPK com a subunidade catalítica a2, enquanto o fígado expressa as isoformas a1 e a2. A subunidade catalítica a1 é a isoforma mais abundante expressa no tecido adiposo e responsável pela maior parte da atividade da AMPK **(Li et al., 2017).**

A AMPK é uma proteína com um domínio serina/treonina quinase e uma região de ligação. O seu componente principal é a subunidade catalítica a, uma proteína de 63 kDa. A subunidade y é crucial para a deteção do nível de AMP, enquanto a subunidade ☐ serve como espinha dorsal do complexo de cinase. A AMPK-☐ tem dois domínios distintos (30 kDa): o domínio de ligação ao glicogénio e o domínio de ligação às subunidades a e y. A sua função reguladora está diretamente envolvida no metabolismo da glicose **(Rana et al., 2015)**. Quando a energia celular é esgotada por hipóxia, fome, privação de glicose ou contração muscular, a AMPK é activada. Além disso, qualquer stress metabólico que iniba a produção de ATP ou acelere o consumo de ATP pode levar à ativação da AMPK **(Kim et al., 2016)**. A AMPK desempenha um papel crucial na regulação do metabolismo do tecido adiposo, afectando a fosforilação de enzimas e a expressão genética. Pode induzir o catabolismo de substratos e desativar as vias anabólicas que consomem energia, aumentando a disponibilidade intracelular de ATP **(Wang et al., 2021)**. A AMPK regula o metabolismo da glicose e dos lípidos no tecido adiposo, promovendo a lipólise, a oxidação dos ácidos gordos e o transporte da glicose. A sua ativação no tecido adiposo aumenta a sensibilidade à insulina e a oxidação dos ácidos gordos, ao mesmo tempo que diminui a lipogénese e a produção de triglicéridos **(Carling, 2017)**. A ativação da AMPK também diminui a absorção de ácidos gordos, a produção de triglicéridos e a oxidação de ácidos gordos em adipócitos de roedores. Por conseguinte, a AMPK é uma potencial enzima-alvo no tratamento médico de várias doenças, incluindo a diabetes tipo 2, as doenças neurodegenerativas e as doenças cardiovasculares **(Smith & Steinberg, 2017)**. **Martínez-Agustin e colegas (2010)** relataram que a expressão do gene AMPK é maior no tecido subcutâneo de indivíduos obesos e no tecido adiposo de ratos. Além disso, foram identificadas alterações na atividade da AMPK na obesidade e na síndrome metabólica, indicando que a AMPK poderia ser um alvo potencial para o tratamento da obesidade e da hiperlipidemia **(Ok et al., 2019)**.

3. EPIDEMIOLOGIA DA OBESIDADE

A prevalência da obesidade duplicou desde 1980, afectando quase um terço da população mundial. A OMS considera a obesidade uma das causas de mortalidade mais evitáveis **(Lin & Li, 2021)**. A epidemia de obesidade não só aumentou na população jovem, como também aumentou significativamente nos idosos. A obesidade era anteriormente uma preocupação dos países com rendimentos mais elevados, mas agora está também a acelerar nos países de rendimento médio e baixo **(Venegas & Mehrzad, 2020)**.

3.1. Prevalência da obesidade a nível mundial

A taxa de obesidade tem aumentado em todas as idades e em ambos os sexos, independentemente da localidade geográfica, da etnia ou do estatuto socioeconómico. A prevalência mundial da obesidade aumentou entre 1980 e 2013 em 47,1% para as crianças e 27,5% para os adultos **(Apovian, 2016)**. Além disso, há cerca de 2,9 milhões de adultos que morrem todos os anos devido à obesidade ou ao excesso de peso a nível mundial. Prevê-se que, até 2030, 17% dos adultos do mundo, ou cerca de mil milhões da população, sejam obesos, estimando-se que 177 milhões de adultos se tornem obesos mórbidos **(Younes et al., 2021)**.Os Estados Unidos e a Europa representam as duas regiões com maior prevalência de obesidade. Nas Américas, a prevalência da obesidade aumentou de 6,8% em 1980 para 22,4% em 2019. Na região europeia, a prevalência da obesidade aumentou de 8,4% em 1980 para 20% em 2019 **(Boutari &** Mantzoros, 2022). Na região do Mediterrâneo Oriental, a taxa de obesidade aumentou de 6,4% para 17,4% em 2019. Além disso, a incidência de obesidade aumentou de 1,7% em 1980 para 6,2% em 2019 na região do Sudeste Asiático. Na região africana, a prevalência da obesidade duplicou de 1980 a 2019, passando de 6,2% para 12,7%. A taxa de incidência de excesso de peso e obesidade foi mais elevada nas regiões das Américas e mais baixa na região do Sudeste Asiático (**Chooi et al., 2019**).

3.2. Prevalência da obesidade no mundo árabe

No mundo árabe, a prevalência da obesidade aumentou drasticamente durante as últimas três décadas. A obesidade representa o 6th fator de risco mais importante para a incidência de doenças. Está a aumentar dramaticamente na região do Médio Oriente, incluindo o Egito. De acordo com a OMS, a prevalência média da obesidade no mundo árabe aumentou de 6,5% para 20% entre 1975 e 2016 (**Alzaman & Ali, 2016**). A prevalência da obesidade varia significativamente entre os países árabes, indo de 7,8% nas Comores até 37,9% no Kuwait. O aumento da prevalência da obesidade observado durante a última década pode resultar de um estilo de vida sedentário e do consumo de uma dieta rica em hidratos de carbono simples e gorduras. O Kuwait foi o país com a maior prevalência de obesidade nos países árabes (**AlAbdulKader et al., 2020**).O Egito é um dos principais países do mundo em termos de incidência de obesidade, com mais de um terço da população egípcia classificada como obesa. A OMS informou que o Egito ocupa o 18º lugar[th] na prevalência da obesidade e tem a quinta maior percentagem de mulheres obesas com mais de quinze anos (**Aboulghate et al., 2021**). Foi comunicado que a prevalência da obesidade na população adulta egípcia é superior a 17 milhões, ou seja,

33% desta população é obesa **(Said et al., 2019)**. De acordo com o inquérito "100 milhões de saúde", que foi realizado no Egito em 2019 e examinou 49,7 milhões de egípcios adultos, 39,8% deles eram obesos. Consequentemente, a prevalência da diabetes e da hipertensão é paralela à da obesidade **(Aboulghate et al., 2021)**.

3.3. Prevalência da obesidade em crianças e adolescentes

A obesidade infantil é um problema mundial que afecta uma em cada cinco crianças. O problema é mais prevalente nas regiões afro-americanas, índias americanas e mexicano-americanas. Até 2030, prevê-se que 250 milhões de crianças em todo o mundo sejam obesas ou tenham excesso de peso **(Obita & Alkhatib, 2022)**. A OMS comunicou um aumento de 31 milhões para 42 milhões de crianças e, só em África, aumentou de 4 para 10 milhões de crianças. A taxa de obesidade nos rapazes de 2 a 4 anos aumentou de 3,9 para 7,2% e nas raparigas de 3,7 para 6,4% **(Morales et al., 2019)**. A proporção de adolescentes com excesso de peso ou obesidade está a aumentar rapidamente em todo o mundo. A incidência de excesso de peso e obesidade entre os adolescentes nos países árabes varia entre 18% e 44% **(Al-Haifi et al., 2022)**. Os adolescentes obesos têm maior probabilidade de desenvolver resistência à insulina, hipertensão arterial, diabetes e perturbações cardiovasculares, sendo a obesidade originada principalmente na infância, o que torna a prevenção e o tratamento uma prioridade pediátrica. Também foi observado que cerca de 75-80% dos adolescentes obesos se tornam adultos obesos **(Halilagic et al., 2023)**.

4. DIAGNÓSTICO DA OBESIDADE

A obesidade é normalmente diagnosticada através do índice de massa corporal (IMC) de um indivíduo, que é calculado através do seu peso e altura. Trata-se de um índice simples que é amplamente aceite como padrão para a avaliação da obesidade em adultos. O IMC não é utilizado para crianças e adolescentes com idades compreendidas entre os 2 e os 18 anos; em vez disso, é utilizada uma escala de percentis baseada na idade e no género (**Garvey, 2019**).

A OMS define um peso normal como um IMC entre 18,5 e 24,9, ao passo que um IMC 2: 25 kg/m^2 é considerado excesso de peso e um IMC 2: 30 kg/m^2 é classificado como obeso. A obesidade é ainda classificada da seguinte forma: a classe I (obesos) tem um IMC de 30-35 kg/m^2 , a classe II (obesos graves) tem um IMC de 35-40 kg/m^2 , e a classe III (obesos mórbidos) destina-se a pessoas com um IMC superior ou igual a 40 kg/m^2 (**Mehrzad, 2020**).

A OMS e os Institutos Nacionais de Saúde demonstraram uma correlação direta entre o IMC e o risco de complicações médicas e as taxas de mortalidade. Um aumento de 5 unidades no IMC acima de 25 kg/m^2 aumenta a mortalidade em 29% e a diabetes em 21%. Por conseguinte, o IMC tornou-se o "padrão de ouro" para identificar os doentes com risco acrescido de resultados adversos para a saúde relacionados com a adiposidade (**Sung et al., 2023**).

5. RISCOS DA OBESIDADE PARA A SAÚDE

A obesidade é um fator de risco significativo para várias doenças crónicas (Figura 5). Conduz a uma diminuição da esperança de vida e a um aumento dos custos dos cuidados de saúde. A OMS refere que 44% da prevalência da diabetes, 23% da prevalência das doenças cardíacas e 7-41% de certos tipos de cancro se devem à obesidade **(Andolfi & Fisichella, 2018).**

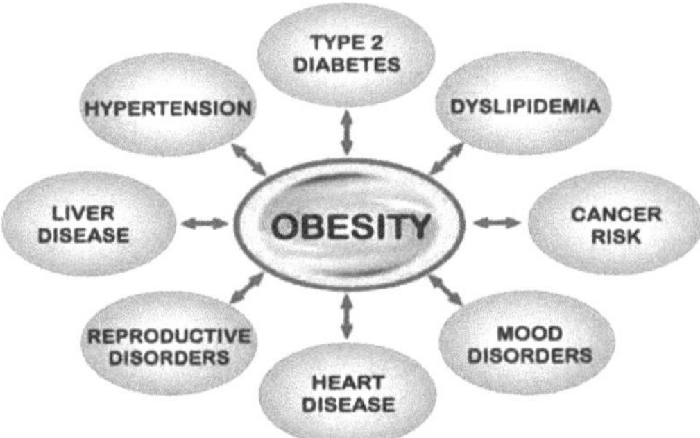

Figura (5): Comorbilidades associadas à obesidade **(Gupta et al., 2011)**

5.1. Diabetes mellitus tipo 2

A obesidade está associada a numerosas condições clínicas, a mais devastadora das quais pode ser a diabetes mellitus tipo 2 (DM2). A maioria dos indivíduos obesos tem resistência à insulina, que é uma resposta celular reduzida à insulina, o que induz a DM2 **(Chandrasekaran & Weiskirchen, 2024).** A prevalência da diabetes é de 7,3% nos indivíduos com excesso de peso, 14,9% na obesidade de classe 2 e 25,6% na obesidade de classe 3. Além disso, estima-se que o número global de adultos com diabetes aumente para mais de 400 milhões até 2030. Prevê-se que, em 2040, haverá mais de 600 milhões de indivíduos com diabetes, principalmente DM2 **(Reed et al., 2021).**

A obesidade constitui uma componente importante da patogénese da DMT2 através de vários mecanismos. As células do tecido adiposo na obesidade estão sobrecarregadas com triacilglicerol (TAG), reduzindo a sua capacidade de armazenamento de lípidos, o que resulta num aumento do armazenamento de lípidos nos adipócitos, levando a um excesso de influxo de TAG e ácidos gordos em tecidos não adiposos como o músculo esquelético, ilhotas pancreáticas e fígado. Esta acumulação pode contribuir para a resistência à insulina em indivíduos obesos **(Verma & Hussain, 2017).**

A resistência à insulina no tecido adiposo leva a um aumento da atividade da lipase sensível à hormona, provocando um aumento dos ácidos gordos não esterificados (NEFAs) circulantes. O excesso de NEFAs é convertido em triacilglicerol e colesterol no fígado, levando a níveis circulantes mais elevados. Isto diminui a capacidade do pâncreas para produzir insulina em excesso, resultando em níveis mais elevados de açúcar no sangue em jejum e numa diminuição da tolerância à glucose (Figura 6) **(Gupta et al., 2020).**

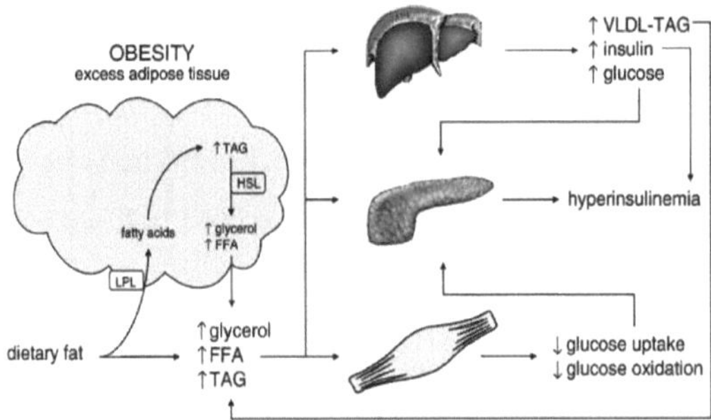

Figura (6): Papel do músculo, fígado e pâncreas na DM2 induzida pela obesidade **(Gupta et al., 2020)**

5.2. Dislipidemia

A obesidade está associada a alterações importantes no metabolismo dos lípidos, o que leva à regulação positiva de determinados parâmetros lipídicos, aumentando o risco de doenças cardiovasculares e outras complicações metabólicas. O perfil lipídico inclui normalmente medições do colesterol total, do colesterol das lipoproteínas de baixa densidade (LDL), do colesterol das lipoproteínas de alta densidade (HDL) e dos TGs. A obesidade tem sido associada a alterações importantes no perfil lipídico, tais como

a. Níveis aumentados de ácidos gordos livres, que podem prejudicar ainda mais a desregulação do metabolismo lipídico, levando à resistência à insulina, à inflamação e à dislipidemia (**Shabana& Sarwar, 2020**).

b. Triglicéridos elevados no sangue, em resultado do aumento da libertação de ácidos gordos livres pelo tecido adiposo, que são convertidos em triglicéridos no fígado. O aumento dos níveis de triglicéridos constitui um fator de risco para a aterosclerose e as doenças cardiovasculares (**Khan & Khaleel, 2016**).

c. Redução dos níveis de colesterol de lipoproteínas de alta densidade, que contribuem ainda mais para o risco de doença cardiovascular. O colesterol HDL, muitas vezes referido como o "bom" colesterol, desempenha um papel protetor nas doenças cardiovasculares, removendo o excesso de colesterol dos vasos sanguíneos (**Bora et al., 2017**).

d. Aumento do colesterol das lipoproteínas de baixa densidade: O colesterol LDL, muitas vezes referido como o "mau" colesterol, é um importante fator de risco para a aterosclerose e as doenças cardiovasculares (**Mishra et al., 2012**).

5.3. Hipertensão

A hipertensão arterial (HTN) é um dos problemas de saúde mais comuns relacionados com o excesso de peso e a obesidade. Em indivíduos obesos, a prevalência da HTN foi superior a 40%. A sua prevalência mostrou um forte aumento com o aumento das categorias de peso. A HTN é prevalente em 18-19% dos pacientes com obesidade classe 1, 55-65% dos pacientes com obesidade classe 2 e 63-64% dos pacientes com obesidade classe 3 (**Kotsis et al., 2019**).

A obesidade pode induzir a hipertensão através de vários mecanismos. Liberta ácidos gordos livres na circulação, o que, por sua vez, exerce mais pressão sobre as paredes das artérias, conduzindo à hipertensão (**Hall et al., 2019**). Além disso, um elevado nível circulante de ácidos gordos livres em indivíduos obesos parece participar na ativação do sistema nervoso simpático, o que pode levar a um aumento da frequência cardíaca e a um aumento dos vasos sanguíneos, resultando em pressão arterial elevada (**Shariq & McKenzie. 2020**). A obesidade está frequentemente associada à resistência à insulina, o que pode levar a um aumento da produção de insulina. Normalmente, a insulina apresenta um efeito de retenção de sódio através da sua ação direta nos túbulos renais. Um potencial aumento da retenção de sódio devido a uma hiperinsulinémia aguda pode aumentar a pressão arterial em indivíduos obesos (**Cohen et al., 2017**).

5.4. Outros problemas de saúde relacionados com a obesidade

A obesidade está também associada a um maior risco de desenvolver outras doenças e problemas de saúde, incluindo

a. **Doenças cardiovasculares:** A obesidade representa um importante fator de risco independente para as doenças cardiovasculares (DCV), como a doença coronária, a fibrilhação auricular, o acidente vascular cerebral e a insuficiência cardíaca. A associação entre a obesidade e as DCV pode ser explicada por um aumento dos níveis dos factores de risco, como a pressão arterial, os triglicéridos, a resistência à insulina, a glicose no sangue e a inflamação (**Elagizi et al., 2018**).

b. **Doença do fígado gordo**: As gorduras em excesso que circulam no sangue chegam ao fígado, que é responsável pela filtragem do sangue. Quando o fígado começa a armazenar o excesso de gordura, pode levar a uma inflamação crónica do fígado (hepatite) e lesões hepáticas a longo prazo (cirrose) (**Kinlen et al., 2018**).

c. **Doença renal**: A hipertensão arterial, a diabetes e a doença hepática estão entre os factores mais comuns que contribuem para a doença renal crónica **(Stasi et al., 2022).**

d. **Doença da vesícula biliar e cálculos biliares**: Níveis mais elevados de colesterol no sangue podem fazer com que o colesterol se acumule na vesícula biliar, levando a cálculos biliares de colesterol e potenciais doenças da vesícula biliar **(Zhang et al., 2023).**

e. Além disso, a obesidade está associada indiretamente à memória e à cognição, incluindo um risco acrescido de doença de Alzheimer e demência, infertilidade feminina e complicações na gravidez, depressão e perturbações do humor, e certos cancros, incluindo o esofágico, o pancreático, o colorrectal, o da mama, o uterino e o do ovário **(Sarma et al., 2021).**

6. TECIDO ADIPOSO E OBESIDADE

O tecido adiposo (TA), vulgarmente conhecido como gordura corporal, é um tecido conjuntivo especializado que desempenha várias funções essenciais no organismo. É composto por adipócitos (células adiposas), bem como por vários outros tipos de células e componentes da matriz extracelular **(Scheja & Heeren, 2019)**.

6.1. Morfologia do tecido adiposo

Nos seres humanos, existem dois tipos principais de tecido adiposo: o tecido adiposo branco (TAB) e o tecido adiposo castanho (TAB), cada um com funções e morfologia distintas. O TAB é o tipo predominante no corpo. Caracteriza-se por adipócitos grandes e uniloculares (com uma única câmara) que estão principalmente envolvidos no armazenamento de energia. O TAB está distribuído por todo o corpo, com o TAB subcutâneo localizado sob a pele e o TAB visceral localizado em torno dos órgãos internos **(Jankovic et al., 2015)**. A função fisiológica mais importante do TAB é manter a homeostase energética de todo o corpo. Serve como o principal local de armazenamento de lípidos no estado alimentado e, durante o jejum, liberta ácidos gordos na circulação a partir da quebra de TGs **(Giralt & Villarroya, 2013)**. O tecido adiposo castanho é caracterizado por adipócitos mais pequenos, multiloculares (multi-câmara) e uma maior densidade de mitocôndrias. É especializado para a termogénese, um processo no qual a gordura armazenada é rapidamente metabolizada para gerar calor. O TAB é mais abundante nos recém-nascidos e desempenha um papel na termogénese sem tremores para manter a temperatura corporal. A sua cor acastanhada é atribuída ao seu maior conteúdo mitocondrial e ao enriquecimento de vasos sanguíneos (**Booth et al., 2016**).

6.2. Funções do tecido adiposo

a- A TA é o principal local de armazenamento de energia sob a forma de triglicéridos (TGs). Durante os períodos de consumo excessivo de energia, os triglicéridos são armazenados nos adipócitos.

Quando é necessária energia, estes TGs armazenados podem ser decompostos para libertar ácidos gordos para a produção de energia (**Choe et al., 2016**).

b- Proporciona isolamento térmico, ajudando a manter a temperatura corporal e a proteger os órgãos internos das flutuações de temperatura. O tecido adiposo castanho, em particular, é especializado na produção de calor através de um processo chamado termogénese, que pode ajudar a regular a temperatura corporal (**Luo & Liu, 2016**).

c- O tecido adiposo segrega uma variedade de moléculas bioactivas, conhecidas como adipocinas, que desempenham um papel na regulação do metabolismo, da inflamação, do apetite e de outros processos fisiológicos. Algumas adipocinas bem conhecidas são a leptina, a adiponectina e a resistina (**Kajimura.2017**).

d- Proporciona amortecimento e proteção mecânica aos órgãos internos, ajudando a absorver choques físicos e a evitar danos (**Choe et al., 2016**).

6.3. Relação biológica entre obesidade e tecido adiposo

O tecido adiposo é crucial para o equilíbrio energético, o metabolismo e a saúde em geral, mas na obesidade sofre alterações significativas que contribuem para a disfunção metabólica e os riscos de saúde associados (**Kawai et al., 2021**) (Figura 7).

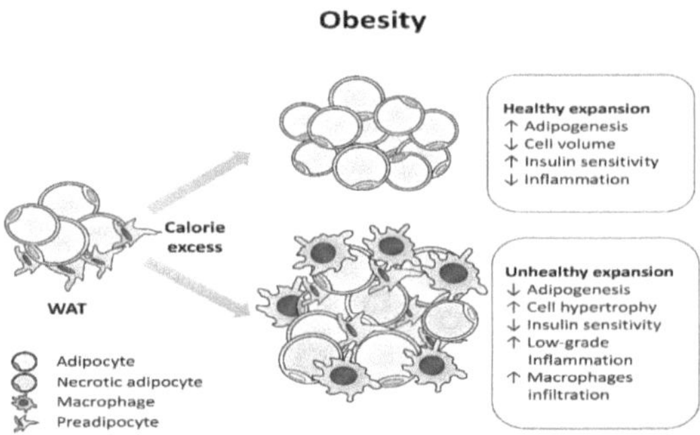

Figura (7): Expansão do tecido adiposo branco na obesidade (**Longo et al., 2019**)

Seguem-se alguns pontos essenciais sobre o tecido adiposo e a sua relação com a obesidade:

a. A obesidade leva ao acúmulo excessivo de TGs nos adipócitos devido ao balanço energético positivo, causando hipertrofia e hiperplasia, prejudicando o metabolismo energético mitocondrial e causando disfunção do tecido adiposo (**Bautista et al., 2019**).

b. A obesidade leva à expansão do tecido adiposo, o que pode causar uma desregulação do metabolismo lipídico, resultando no aumento da libertação de ácidos gordos livres, na deposição ectópica de gordura e em perturbações metabólicas noutros tecidos, como o fígado e o músculo (**AlZaim et al., 2020**).

c. O tecido adiposo na obesidade produz adipócitos pró-inflamatórios, como o fator de necrose tumoral-alfa e a interleucina-6, contribuindo para a inflamação crónica e a disfunção metabólica (**Bollepalli et al., 2018**).

7. GESTÃO DA OBESIDADE

7.1. Alterações do estilo de vida

A obesidade é frequentemente tratada através da recomendação de mudanças no estilo de vida, como a adoção de um plano de alimentação saudável e o aumento da atividade física (**Semlitsch et al., 2019**). Menos de 5% das pessoas com obesidade mórbida perdem peso e mantêm-no através de regimes não cirúrgicos, que normalmente incluem uma combinação de dietas, tratamento de modificação do comportamento e exercício (**Lv et al., 2017**). As mudanças no estilo de vida podem ajudar a minimizar as calorias consumidas a partir de alimentos e bebidas. Os exercícios físicos diários podem ajudar a acelerar o metabolismo porque, quando a quantidade de calorias consumidas diminui, o corpo queima menos calorias em vez de promover a perda de peso. No entanto, as mudanças no estilo de vida são difíceis de alcançar e manter para algumas pessoas, especialmente aquelas com um IMC elevado (**Wadden et al., 2020**).

7.2. Medicamentos para perda de peso

Quando as mudanças no estilo de vida são insuficientes e a perda de peso é difícil de alcançar, podem ser utilizados medicamentos para tratar a obesidade. Os medicamentos para perda de peso são uma parte essencial do processo de tratamento da obesidade mórbida, mas podem ter efeitos negativos graves (**Cornier, 2022**). De facto, os medicamentos utilizados para perder peso ou queimar gordura podem apresentar riscos ocultos para a saúde. Os efeitos secundários comuns que podem ocorrer com o uso prolongado de medicamentos para perda de peso incluem o aumento da pressão arterial e da frequência cardíaca, insónia, nervosismo, inquietação, dependência e abuso **(Ryan & Kahan, 2018).**

7.3. Cirurgia para perda de peso

A cirurgia para perda de peso, também conhecida como cirurgia bariátrica, inclui vários tipos de cirurgias que ajudam as pessoas a perder peso através de alterações no sistema digestivo **(Mulla et al., 2018)**. Se o indivíduo tiver um índice de massa corporal de 35 ou superior, pode ser proposta uma cirurgia de perda de peso. Por vezes, a cirurgia de perda de peso é recomendada para pessoas com um IMC inferior que têm um problema de saúde grave relacionado com a obesidade, como a diabetes tipo 2 ou a apneia do sono **(Eisenberg et al., 2023).**

O bypass gástrico é um tipo de cirurgia para perda de peso. É um método eficaz para perder peso e reduzir o risco de doenças relacionadas com o peso. No entanto, como em qualquer cirurgia, existem riscos potenciais associados ao bypass gástrico. Infeção, coágulos sanguíneos e hemorragia interna são todos riscos possíveis da cirurgia **(Lager et al., 2017).**

Além disso, uma das consequências mais perigosas da cirurgia de bypass gástrico é a fuga de sucos digestivos e de alimentos parcialmente digeridos através de uma anastomose. As fugas anastomóticas ocorrem em 1,5% a 6% das cirurgias de bypass, dependendo do tipo de cirurgia **(Smith et al., 2015).**

REFERÊNCIAS

Abdel-Magid, F. (2015). Inibidores da sintase de ácidos gordos (FASN) como potencial tratamento para o cancro, obesidade e doenças relacionadas com o fígado. Cartas de Química Medicinal da ACS, 6(3): 838-839.

Aboulghate, M., Elaghoury, A., Elshishiney, G., Elkafrawy, N., Elshishiney, G., Abul-Magd, E., Vokó, Z. (2021). O peso da obesidade no Egito. Frontiers in public health, 9(718978):1247- 1246.

AlAbdulKader, M., Tuwairqi, K., Rao, G. (2020). Obesidade e risco cardiovascular nos Estados Árabes do Golfo. Relatórios actuais de risco cardiovascular, 14 (7): 1-9.

Al-Haifi, R., Al-Awadhi, A., Al-Dashti, A., Aljazzaf, H., Allafi, R., Al-Mannai, A., Al-Hazzaa, M. (2022). Prevalência de sobrepeso e obesidade entre adolescentes do Kuwait e a perceção do peso corporal pelos pais ou amigos. PLoS One, 17(1), 20-29.

Alivand, M., Alipour, B., Moradi, S., Khaje-Bishak, Y., Alipour, M. (2021). A revisão da relação entre UCP2 e obesidade. Novos insights sobre obesidade: Genetics and Beyond, 5(1): 001-013.

AlZaim, I., Hammoud, H., Al-Koussa, H., Ghazi, A., Eid, H., El Yazbi, F.(2020).Imunomodulação do tecido adiposo**: uma nova abordagem terapêutica em doenças cardiovasculares   e doenças metabólicas. FrontiersinCardiovascular** Medicine, 7(602088):1-40.

Alzaman, N., & Ali, A. (2016). Obesidade e diabetes mellitus no mundo árabe. Jornal de Ciências Médicas da Universidade de Taibah,

11(4): 301-309.

Ameer, F., Scandiuzzi, L., Hasnain, S., Kalbacher, H., Zaidi, N. (2014). De novo lipogénese na saúde e na doença. Metabolismo, 63(7): 895-902.

Andolfi, C., & Fisichella, M. (2018). Epidemiologia da obesidade e comorbidades associadas. Journal of Laparoendoscopic & Advanced Surgical Techniques, 28(8): 919-924.

Apovian, M. (2016). Obesidade: definição, comorbilidades, causas e encargos. American Journal of Managed Care, 22(7): 176-85.

Bautista, H., Mahmoud, M., Königsberg, M., Guerrero, D. (2019). Obesidade: Fisiopatologia, modelo induzido por glutamato monossódico e plantas medicinais anti-obesidade. Biomedicina & Farmacoterapia, 111(12): 503-516.

Bertolio, R., Napoletano, M., Mano, M., Maurer-Stroh, S., Fantuz, M., Zannini, A., Del Sal, G. (2019). A proteína de ligação ao elemento regulador de esterol 1 acopla sinais mecânicos e metabolismo lipídico. Comunicações da natureza, 10(1): 1326-1340.

Bollepalli, S., Kaye, S., Heinonen, S., Kaprio, J., Rissanen, A., Virtanen, K. A., Ollikainen, M. (2018). A expressão gênica do tecido adiposo subcutâneo e a metilação do DNA respondem à perda de peso a curto e longo prazo. Jornal Internacional da Obesidade, 42(3): 412-423.

Booth, A., Magnuson, A., Fouts, J., Foster, T. (2016). Tecido adiposo: um órgão endócrino que desempenha um papel na regulação metabólica. Biologia molecular hormonal e investigação clínica,

26(1): 25-42.

Bora, K., Pathak, S., Borah, P., Das, D. (2017). Associação da diminuição do colesterol da lipoproteína de alta densidade (HDL-C) com a obesidade. Jornal de cuidados primários e saúde comunitária, 8(1): 26-30.

Boutari, C., & Mantzoros, S. (2022). A 2022 update on the epidemiology of obesity. Metabolismo, 133(4): 155217-155232.

Busiello, A., Savarese, S., Lombardi, A. (2015). Mitochondrial uncoupling proteins and energy metabolism. Frontiers in Physiology, 6 (36): 1-7.

Carling, D. (2017). Sinalização AMPK na saúde e na doença. Opinião atual em Biologia Celular, 45(12): 31- 37.

Chandrasekaran, P., & Weiskirchen, R. (2024). O papel da obesidade na diabetes mellitus tipo 2 - Uma visão geral. International Journal of Molecular Sciences, 25(3), 1882.

Choe, S., Huh, Y., Hwang, J., Kim, I., Kim, B. (2016).

Remodelação do tecido adiposo: o seu papel no metabolismo energético e nas perturbações metabólicas. Frontiers in Endocrinology, 7(2): 30-40.

Chooi, C., Ding, C., Magkos, F. (2019). A epidemiologia da obesidade. Metabolismo, 92(7): 6-10.

Cohen, B. (2017). Hipertensão na obesidade e o impacto da perda de peso. Current Cardiology Reports, 19(3): 1- 8.

Conn, A., Vaughan, A., Garver, S. (2013). Genética nutricional e metabolismo energético na obesidade humana. Relatórios de Nutrição

Atual, 2(3): 142-150.

Cornier, A. (2022). A Review of Current Guidelines for the Treatment of Obesity (Uma revisão das diretrizes actuais para o tratamento da obesidade). American Journal of Managed Care, 28(7): 6-10.

Crovesy, L., & Rosado, L. (2019). Interação entre genes envolvidos na regulação da ingestão de energia e dieta na obesidade. Nutrição, 67(2): 110547-110558.

Day, A., Ford, J., Steinberg, R. (2017). AMPK como um alvo terapêutico para o tratamento de doenças metabólicas.Tendências em Endocrinologia e Metabolismo, 28 (8): 545-560.

DeBose-Boyd, A., & Ye, J. (2018). SREBPs no metabolismo lipídico, sinalização de insulina e além. Tendências em Ciências Bioquímicas, 43 (5): 358-368.

Din, I., Majid, S., Rashid, F., Wani, D., Qadir, J., Wani, H., Fareed, M. (2023). O polimorfismo do gene da proteína desacopladora mitocondrial 2 - 866 G / A na região promotora está associado ao diabetes mellitus tipo 2. Relatórios de Biologia Molecular, 50(1): 475-483.

Donadelli, M., Dando, I., Fiorini, C., Palmieri, M. (2014). UCP2, uma proteína mitocondrial regulada em vários níveis. Ciências da Vida Celular e Molecular, 71(2): 1171-1190.

Eisenberg, D., Shikora, A., Aarts, E., Aminian, A., Angrisani, L., Cohen, V., Kothari, N. (2023). Indicações para cirurgia metabólica e bariátrica. Obesity Surgery, 33(12): 3-14.

Elagizi, A., Kachur, S., Lavie, J., Carbone, S., Pandey, A., Ortega, B., Milani, V. (2018). Uma visão geral e atualização sobre a obesidade e o paradoxo da obesidade nas doenças cardiovasculares. Progresso em Doenças Cardiovasculares, 61(2): 142-150.

Fátima, T., Beigh, M., Hussain, Z. (2018). Obesidade: Causas, consequências e gestão. Revista Internacional de Pesquisa Médica e Ciências da Saúde, 4(4): 53-58.

Fhu, W., & Ali, A. (2020). Ácido graxo sintase: um alvo emergente no câncer. Molecules, 25(17): 3935- 3957.

Gao, W., Liu, L., Lu, X., Yang, Q. (2021). Regulação epigenética do metabolismo energético na obesidade. Jornal de Biologia Celular Molecular, 13 (7): 480-499.

Garvey, T. (2019). 'Definição clínica de excesso de peso e obesidade'. In:Gonzalez-Campoy, J., Hurley, D., Garvey, W. (eds) Bariatric Endocrinology. Springer, Cham, 121-143.

Giralt, M., & Villarroya, F. (2017). Desacoplamento mitocondrial e regulação da homeostase da glicose. Revisões atuais de diabetes, 13 (4): 386-394.

Günenc, N., Graf, B., Stark, H., Chari, A. (2022). Ácido graxo sintase: estrutura, função e regulação. Complexos de proteínas macromoleculares IV: estrutura e função, 13(4): 1-33.

Gupta, G., Wadhwa, R., Pandey, P., Gulati, M., Sajita, S., Dua, K. (2020). Obesidade e diabetes: fisiopatologia da hiperglicemia induzida pela obesidade e resistência à insulina. Pathophysiology of Obesity-Induced Health Complications, 4(2): 81-97.

Gupta, P., Tyagi, S., Mukhija, M., Goyal, R., Saini, S., Sharma, L. (2011). Obesity: An introduction and evaluation. Journal of Advanced Pharmacy Education & Research, 2(1): 125-137.

Halilagic, B., Bijelié, R., Cvijetié, Ž. (2023). Fatores de risco para excesso de peso e obesidade em crianças e adolescentes. Qualidade de vida, (25(3-4), 157-163.

Hall, E., do Carmo, M., da Silva, A., Wang, Z., Hall, E. (2019). Obesidade, disfunção renal e hipertensão: ligações mecanicistas. Nature reviews nephrology, 15(6), 367-385.

Hirschenson, J., Melgar-Bermudez, E., Mailloux, J. (2022). As proteínas de desacoplamento: Uma revisão sistemática sobre o mecanismo utilizado na prevenção do stress oxidativo. Antioxidants, 11(2), 322-331.

Jankovic, A., Golic, I., Markelic, M., Stancic, A., Otasevic, V., Buzadzic, B., Korac, B. (2015). Dois componentes moleculares e celulares chave temporalmente distinguíveis do escurecimento do tecido adiposo branco durante a aclimatação ao frio. The Journal of Physiology, 593(15): 3267-3280.

Jones, F., & Infante, R. (2015). Vias moleculares: ácido graxo sintase. Investigação Clínica do Cancro, 21(24): 5434-5438.

Kawai, T., Autieri, V., Scalia, R. (2021). Inflamação do tecido adiposo e disfunção metabólica na obesidade. Jornal Americano de Fisiologia - Fisiologia Celular, 320 (3): 375-391.

Khan, M., & Khaleel, M. (2016). Estudo comparativo do perfil lipídico sérico de estudantes obesos e não obesos (sexo masculino) da

Universidade de Aljouf.International journal of basic and applied research, 7(1): 35-37.

Kim, J., Yang, G., Kim, Y., Kim, J., Ha, J. (2016). Ativadores de AMPK: mecanismos de ação e atividades fisiológicas. Experimental & Molecular Medicine, 48(4): 224-224.

Kinlen, D., Cody, D., O'Shea, D. (2018). Complicações da obesidade. QJM: Um Jornal Internacional de Medicina, 111(7): 437-443.

Kotsis, V., Antza, C., Doundoulakis, G., Stabouli, S. (2019). Obesidade, hipertensão e dislipidemia. Patogênese, diagnóstico e tratamento da obesidade, 8 (11): 227-241.

Lager, J., Esfandiari, H., Subauste, R., Kraftson, T., Brown, B., Cassidy, B., Oral, A. (2017). Bypass gástrico em Y de Roux vs. gastrectomia em manga: equilibrando os riscos da cirurgia com os benefícios da perda de peso. Obesity Surgery, 27(3): 154-161,

Li, J., Jiang, R., Cong, X., Zhao, Y. (2019). Polimorfismos do gene UCP 2 na obesidade e diabetes, e o papel do UCP 2 no câncer. Cartas FEBS, 593(18): 2525-2534.

Lin, X., & Li, H. (2021). Obesidade: epidemiologia, fisiopatologia e terapêutica. Fronteiras em Endocrinologia, 12 (7): 69-78.

Longo, M., Zatterale, F., Naderi, J., Parrillo, L., Formisano, P., Raciti, A., Miele, C. (2019). Disfunção do tecido adiposo como determinante de complicações metabólicas associadas à obesidade. Revista Internacional de Ciências Moleculares, 20(9): 2381.

Lustig, H., Collier, D., Kassotis, C., Roepke, A., Kim, J., Blanc, E.,

Heindel, J. (2022). Obesidade I: Visão geral e mecanismos moleculares e bioquímicos. BiochemicalP harmacology, 199(13): 115012-115020.

Lv, N., Azar, M., Rosas, G., Wulfovich, S., Xiao, L., Ma, J. (2017). Intervenções comportamentais no estilo de vida para obesidade moderada e grave: uma revisão sistemática. Medicina Preventiva, 100(7): 180-193.

Madison, B. (2016). Srebp2: Um regulador mestre da síntese de esteróis e ácidos gordos1. Journal of Lipid Research, 57(3): 333-335.

Mahadik, R., Lele, D., Saranath, D., Seth, A., Parikh, V. (2012). Expressão do gene da proteína desacopladora-2 (UCP2) no tecido adiposo subcutâneo e omental de índios asiáticos: relação com a adiponectina e parâmetros da síndrome metabólica. Adipocyte, 1(2): 101-107.

Margaryan, S., Witkowicz, A., Partyka, A., Yepiskoposyan, L., Manukyan, G., Karabon, L. (2017). Os níveis de expressão de mRNA das proteínas desacopladoras 1 e 2 em células mononucleares de pacientes com distúrbios metabólicos: obesidade e diabetes mellitus tipo 2. Avanços em Higiene e Medicina Experimental, 71(3): 895-900.

Martínez-Agustin, O., Hernández-Morante, J., Martínez-Plata, E., Garaulet, M. (2010). Diferenças na expressão de AMPK entre o tecido adiposo subcutâneo e visceral na obesidade mórbida.Regulatory Peptides, 163(1-3): 31-36.

Mehrzad, R. (2020). Definição e introdução à epidemiologia da obesidade. Obesity, 21(1): 1-6.

Mishra, N., Sharma, K., Chandrasekhar, M., Prasad, V., Kondam, A. (2012). Obesidade central e perfil lipídico em homens do norte da Índia. Jornal Internacional de Biologia Aplicada e Tecnologia Farmacêutica, 3 (1): 291-4.

Mohajan, D., & Mohajan, K. (2023). Obesidade e doenças relacionadas: A new escalating alarming in global health. Journal of Innovations in Medical Research, 2(3): 12-23.

Morales J., Molina, M., Plata, S., Calderón, P. (2019). Obesidade infantil: etiologia, comorbidades e tratamento. Diabetes/Metabolism Research and Reviews, 35(8): 3203-3012.

Mulla, M., Middelbeek, J., Patti, E. (2018). Mecanismos de perda de peso e melhora do metabolismo após cirurgia bariátrica. Anais da Academia de Ciências de Nova York, 1411 (1): 53-64.

Nakakuki, M., Kawano, H., Notsu, T., Imada, K., Mizuguchi, K., Shimano, H. (2014). Um novo sistema de processamento da proteína-1c de ligação ao elemento regulador de esterol regulado por ácido graxo poliinsaturado. O jornal de bioquímica, 155 (5): 301-313.

Novikova, S., Garabadzhiu, V., Melino, G., Tribulovich, G. (2015). Proteína quinase ativada por AMP: estrutura, função e papel em processos patológicos. Biochemistry, 80(12): 127-144.

Obita, G., & Alkhatib, A. (2022). Disparidades na prevalência de comorbilidades relacionadas com a obesidade infantil: uma revisão sistemática. Fronteiras em saúde pública, 10(4), 923744-92375.

Ok, E., Do, M., Lim, Y., Park, E., Kwon, O. (2019). O vinagre de romã atenua a adiposidade em ratos obesos através do controle

coordenado da sinalização AMPK no fígado e no tecido adiposo. Lípidos na Saúde e na Doença, 12(1): 1-8.

Omer, T. (2020).The causes of obesity: an in-depth review. Avanços na Obesidade, Gestão e Controlo do Peso, 10(4): 90-94.

Palou, M., Sánchez, J., Priego, T., Picó, C., Rodríguez, M., Palou, A. (2010). Diferenças regionais na expressão de genes envolvidos no metabolismo lipídico no tecido adiposo em resposta ao jejum e realimentação de curto e médio prazo. The Journal of Nutritional Biochemistry, 21(1): 23-33.

Park, A. (2019). Fisiopatologia e etiologia e consequências médicas da obesidade. Medicina, 47(3): 169-174.

Park, J., Han, M., Huh, Y., Kim, B. (2021). Papéis emergentes da regulação epigenética na obesidade e doenças metabólicas. Jornal de Química Biológica, 297 (5): 45- 57.

Reed, J., Bain, S., Kanamarlapudi, V. (2021). Uma revisão das tendências atuais com epidemiologia, etiologia, patogênese, tratamentos e perspectivas futuras do diabetes tipo 2. Diabetes, Síndrome Metabólica e Obesidade, 2021(14):3567-3602.

Ryan, H., & Kahan, S. (2018). Recomendações de diretrizes para o gerenciamento da obesidade. Clínicas Médicas, 102(1): 49-63.

Said, M., Yassin, F., Abd Elkreem, E. (2019). Papel dos polimorfismos genéticos na incidência de obesidade no Egito. Biochemistry Letters, 15(1): 1-18.

Sámano, R., Huesca-Gómez, C., López-Marure, R., Hernández-Cabrera, K., Rodríguez-Ventura, A., Tolentino, M., Gamboa, R. (2018). Associação entre polimorfismos de UCP e adipocinas com obesidade em adolescentes mexicanos.Journal of Pediatric Endocrinology and Metabolism, 31(5): 561-568.

Sarma, S., Sockalingam, S., Dash, S. (2021). Obesidade como uma doença multissistémica: Tendências nas taxas de obesidade e complicações relacionadas com a obesidade. Diabetes, Obesidade e Metabolismo, 23(4): 3-16.

Saxena, I., Suman, S., Kaur, P., Mitra, P., Sharma, P., Kumar, M. (2021). "As múltiplas causas da obesidade". Em: Venketeshwer Rao e Leticia Rao (eds). Role of Obesity in Human Health and Disease.Intech Open. 12(4): 13-20.

Scheja, L., & Heeren, J. (2019). A função endócrina dos tecidos adiposos na saúde e na doença cardiometabólica. Nature Reviews Endocrinology, 15(9):507- 524.

Semlitsch, T., Stigler, L., Jeitler, K., Horvath, K., Siebenhofer, A. (2019). Gerenciamento de sobrepeso e obesidade na atenção primária - Uma visão sistemática das diretrizes internacionais baseadas em evidências.Obesity Reviews, 20(9): 1218-1230.

Shabana, U., & Sarwar, S. (2020). O perfil lipídico anormal na obesidade e doença cardíaca coronária (CHD) em indivíduos paquistaneses. Lípidos na Saúde e na Doença, 19(7): 1-7.

Shariq, A., & McKenzie, J. (2020). Hipertensão relacionada à obesidade: uma revisão da fisiopatologia, manejo e o papel da cirurgia metabólica. Gland Surgery, 9(1): 80-93.

Sheikh, B., Nasrullah, A., Haq, S., Akhtar, A., Ghazanfar, H., Naqvi, W. (2017). A interação da genética e dos factores ambientais no desenvolvimento da obesidade. Cureus, 9(7): 39-53.

Shimano, H., & Sato, R. (2017).SREBP-regulated lipid metabolism: convergent physiology-divergent pathophysiology. Nature Reviews Endocrinology, 13(12): 710-730.

Smith, D., Adeniji, A., Wahed, S., Patterson, E., Chapman, W., Courcoulas, P., Wolfe, B. (2015). Factores técnicos associados à fuga anastomótica após bypass gástrico em Y de Roux. Cirurgia para Obesidade e Doenças Relacionadas, 11(2): 313-320.

Smith, K., & Steinberg, R. (2017). Proteína quinase ativada por AMP, metabolismo de ácidos graxos e sensibilidade à insulina. Opinião Atual em Nutrição Clínica e Cuidados Metabólicos, 20(4): 248-253.

Stanzione, R., Forte, M., Cotugno, M., Bianchi, F., Marchitti, S., Busceti, L., Rubattu, S. (2022). Desacoplamento da proteína 2 como determinante patogênico e alvo terapêutico em doenças cardiovasculares e metabólicas. Neurofarmacologia atual, 20(4): 662-674.

Stasi, A., Cosola, C., Palieri, R., Caggiano, G., Cimmarusti, T., Palieri, R., Acquaviva, M., Gesualdo, L. (2022). Doença renal crónica relacionada com a obesidade: principais mecanismos e novas abordagens na gestão nutricional. Frontiers in Nutrition, 9(3): 925619-925628.

Sung, H., Siegel, L., Torre, A., Pearson-Stuttard, J., Islami, F., Fedewa, A., Jemal, A. (2019). Padrões globais de excesso de peso corporal e a carga de cancro associada. CA: A Cancer Journal For Clinicians, 69(2), 88-112.

Venegas, O., & Mehrzad, R. (2020). Prevalência e tendências da obesidade nos Estados Unidos e nos países afluentes.Obesity, 6(2): 19-41.

Verma, S., & Hussain, E. (2017). Obesidade e diabetes: uma atualização. Diabetes e Síndrome Metabólica: Clinical Research & Reviews, 11(1): 73-79.

Wadden, A., Tronieri, S., Butryn, L. (2020). Abordagens de modificação do estilo de vida para o tratamento da obesidade em adultos. American Psychologist, 75(2), 235-247.

Wang, Q., Sun, J., Liu, M., Zhou, Y., Zhang, L., Li, Y. (2021). O novo papel da proteína quinase ativada por AMP na regulação do metabolismo da gordura e do gasto de energia no tecido adiposo. Biomolecules, 11(12): 1757-1763.

Wen, X., Zhang, B., Wu, B., Xiao, H., Li, Z., Li, R., Li,

T. (2022). Vias de sinalização na obesidade: mecanismos e intervenções terapêuticas. Transdução de sinal e terapia direcionada, 7(1): 298-328.

Wu, L., Zhang, L., Li, B., Jiang, H., Duan, Y., Xie, Z., Li, J. (2018). A proteína quinase ativada por AMP (AMPK) regula o metabolismo energético através da modulação da termogênese no tecido adiposo. Fronteiras em Fisiologia, 26(5):122-134.

Xiaoping, O., & Fajun, G. (2012). Regulação da expressão gênica mediada por SREBP. Sheng Wu Wu Li Hsueh Bao, 28(4): 287-294.

Xu, F., Luo, J., Zhao, S., Yang, C., Tian, B., Shi, B., Bionaz, M. (2017). A superexpressão de SREBP1 promove a síntese de novo de ácidos graxos e o acúmulo de triacilglicerol em células epiteliais mamárias de cabra. Journal of Dairy Science, 99(1): 3-79

Yanovski, Z., & Yanovski, A. (2018). Rumo a abordagens de precisão para a prevenção e tratamento da obesidade. Jama, 319(3): 223-224.

Younes, S., Ibrahim, A., Al-Jurf, R., Zayed, H. (2021). Polimorfismos genéticos associados à obesidade no mundo árabe: uma revisão sistemática. Jornal Internacional da Obesidade, 45(9):1899-1913.

Zhang, J., Chen, L., Shen, K., Zhang, J., Zhu, Y., Qiao, Q., Chen, L. (2023). Associação entre sobrepeso/obesidade metabolicamente saudável e cálculos biliares em adultos chineses. Nutrição e Metabolismo, 20(1): 1-9.

QUADRO DE CONTEÚDOS

I want morebooks!

Buy your books fast and straightforward online - at one of world's fastest growing online book stores! Environmentally sound due to Print-on-Demand technologies.

Buy your books online at
www.morebooks.shop

Compre os seus livros mais rápido e diretamente na internet, em uma das livrarias on-line com o maior crescimento no mundo! Produçao que protege o meio ambiente através das tecnologias de impressão sob demanda.

Compre os seus livros on-line em
www.morebooks.shop